客厅装修新风格1500例

自然美式风

锐扬图书 编

海峡出版发行集团 THE STRAITS PUBLISHING & DISTRIBUTING GROUP | 福建科学技术出版社 FUJIAN SCIENCE & TECHNOLOGY PUBLISHING HOUSE

图书在版编目（CIP）数据

客厅装修新风格1500例. 自然美式风 / 锐扬图书编.
—福州：福建科学技术出版社，2020.6
ISBN 978-7-5335-6123-9

Ⅰ.①客… Ⅱ.①锐… Ⅲ.①住宅－客厅－室内装饰
设计－图集 Ⅳ.①TU241-64

中国版本图书馆CIP数据核字（2020）第046296号

书　　名　客厅装修新风格1500例　自然美式风
编　　者　锐扬图书
出版发行　福建科学技术出版社
社　　址　福州市东水路76号（邮编350001）
网　　址　www.fjstp.com
经　　销　福建新华发行（集团）有限责任公司
印　　刷　福建彩色印刷有限公司
开　　本　889毫米×1194毫米　1/16
印　　张　7
图　　文　112码
版　　次　2020年6月第1版
印　　次　2020年6月第1次印刷
书　　号　ISBN 978-7-5335-6123-9
定　　价　39.80元

本书使用说明

米白色玻化砖

客厅装饰亮点

①淡绿色的沙发墙搭配白色木质边框，清爽宜人。

②布艺沙发颜色清秀、淡雅，造型简约，舒适大方。

③全铜质的烛台吊灯，为居室增添复古情怀。

对经典案例的全方位解读，方便借鉴与参考

仿古砖

客厅装饰亮点

①电视墙两侧设计成壁龛，兼顾了装饰性与功能性。

②白色实木线条的修饰，丰富了墙面设计层次。

③米白色的布艺沙发与黑色实木茶几，深浅色的对比，明快且不失复古韵味。

特色材质的标注

印花壁纸

白色人造大理石

客厅材料课堂

仿古砖

仿古砖仿造以往的样式做旧，用独特的古典韵味吸引人们的目光。为体现岁月的沧桑、历史的厚重感，仿古砖通过样式、颜色、图案营造出怀旧的氛围，色调以黄色、咖啡色、暗红色、灰色、灰黑色为主。

仿古砖的硬度直接影响着仿古砖的使用寿命，可以通过敲击听声的方法来鉴别。声音清脆的砖内在质量好，不易变形破碎，即使用硬物划，砖的釉面也不会留下痕迹。

第1章

自·然·美·式·风

材料篇

特色实用贴士，分类明确，查阅方便

全书分为材料、色彩、软装三个章节，按需查阅，提高效率

仿古砖

有色乳胶漆

特色材质、配色方案、软装元素的推荐

印花壁纸

仿古砖

Contents
目 录

客厅材料课堂

仿古砖

仿古砖仿造以往的样式做旧，用独特的古典韵味吸引人们的目光。为体现岁月的沧桑、历史的厚重感，仿古砖通过样式、颜色、图案营造出怀旧的氛围，色调以黄色、咖啡色、暗红色、灰色、灰黑色为主。

仿古砖的硬度直接影响着仿古砖的使用寿命，可以通过敲击听声的方法来鉴别。声音清脆的砖内在质量好，不易变形破碎，即使用硬物划，砖的釉面也不会留下痕迹。

仿古砖

有色乳胶漆

印花壁纸

仿古砖

米白色玻化砖

客厅装饰亮点

①淡绿色的沙发墙搭配白色木质边框，清爽宜人。

②布艺沙发颜色清秀、淡雅，造型简约，舒适大方。

③全铜质的烛台吊灯，为居室增添复古情怀。

仿古砖

客厅装饰亮点

①电视墙两侧设计成壁龛，兼顾了装饰性与功能性。

②白色实木线条的修饰，丰富了墙面设计层次。

③米白色的布艺沙发与黑色实木茶几，深浅色的对比，明快且不失复古韵味。

印花壁纸

白色人造大理石

有色乳胶漆

客厅装饰亮点

①将电视墙设计成简化的壁炉造型，简约而富有层次，台面上可以用来摆放一些绿植、工艺品，随意的组合让空间更有格调。

②布艺沙发的颜色清爽淡雅，宽大的造型，舒适感更佳。

客厅装饰亮点

①简单的白色线条，让白墙看起来简洁、利落，不单调。

②硬包的造型并不复杂，高级灰的选色，增添了时尚感。

③休闲椅的颜色选择了复古红，奢华大气的质感油然而生。

装饰硬包

浅色仿古砖

条纹壁纸

印花壁纸

混纺地毯

米黄色网纹玻化砖

仿古砖

白色板岩砖

黄橡木金刚板

文化砖

白枫木饰面板

白枫木踢脚线

白色人造大理石

木纹大理石

客厅装饰亮点

①抽象题材的装饰画为空间增添艺术气息。

②彩色布艺抱枕的运用，让室内的色彩更有层次，氛围更显活跃。

③吊灯的设计造型优雅，全铜的灯架搭配磨砂玻璃灯罩，质感与装饰效果兼备。

有色乳胶漆

客厅装饰亮点

①将电视墙规划成半封闭的收纳柜，增加了室内的储物空间，也让客厅看起来更加整洁。

②双色实木茶几，优雅别致，增添美感。

③复古的铁艺吊灯增添了空间的复古情调。

白枫木饰面板

石膏装饰线

有色乳胶漆

肌理壁纸

布艺软包

客厅装饰亮点

①水晶灯的造型设计相对简约，璀璨的灯光提升了整个空间的品位。

②布艺沙发、皮质长椅，造型简洁，以轻奢唯美的气质，点亮了整个客厅的视觉效果。

白枫木饰面板

客厅装饰亮点

①经典的美式家具选用白色+木色两种色彩搭配，带来浓郁的美式乡村气息，把整个客厅装饰得温馨、浪漫。

②装饰画、彩色抱枕、灯饰等软装饰品，使客厅视觉效果更加饱满，富有趣味性。

米白色玻化砖

混纺地毯

白色板岩砖

客厅装饰亮点

①老虎椅的布艺饰面迎合了田园美式空间的自然韵味与格调。

②淡淡的绿色作为背景色，营造出清新怡人的空间氛围。

③米白色卷边沙发，柔软舒适，极富美感。

黄橡木金刚板

客厅装饰亮点

①整体以白色+米色作为背景色，给人的印象简洁而温馨。

②彩色布艺元素与多种植物的点缀，增添了居室内的自然气息。

③休闲椅与老虎椅的运用为空间增添了一份闲适感。

客厅装饰亮点

①吊灯的造型十分有科技感，为现代美式风格客厅增添了时尚感。

②布艺元素的色调素雅、朴实，展现出现代美式风格居室简洁、从容的生活态度。

客厅装饰亮点

①胡桃木色的柱腿式家具，营造出客厅的古典氛围，留声机做装饰更是将空间的复古格调进一步升华。

②环形铁艺吊灯，黑色铁艺烤漆灯体，搭配磨砂玻璃灯罩，造型复古而不乏味，光线柔和温暖，令空间氛围更加温馨舒适。

石膏装饰浮雕

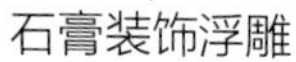

艺术地毯

陶质木纹砖

客厅材料课堂

陶质木纹砖

陶质木纹砖和抛光砖比起来装饰效果更好。它既有木材的温馨和舒适感，又比木材更容易打理，并且其尺寸规格也非常多，可以按照自己的喜好进行拼贴。喜欢温暖格调却没有太多时间打理居室的家庭可以选择木纹砖代替木材来装饰墙面。

陶质木纹砖与木材一样，单块的色彩和纹理不能保证与大面积拼贴的效果一致，因此在选购时，可以先远距离观看产品有多少面是不重复的，而后将选定的产品大面积摆放在一起，感受一下铺贴效果是否符合预想，再进行购买。

客厅装饰亮点

①电视墙运用复古的壁纸彰显出空间的复古基调。

②老虎椅与窗帘的黄色形成呼应，增添了空间配色的层次感与活跃度。

③宽大的落地窗，让整个室内看起来更加宽敞明亮。

白枫木饰面板

客厅装饰亮点

①彩色抱枕、精美的花束，将美式小清新的格调展现得淋漓尽致。

②实木家具的颜色沉稳大气，带来沉着迷人的视觉感受，让居室氛围更加和谐舒适。

浅啡网纹玻化砖

客厅装饰亮点

①木纹墙砖装饰的电视墙，质感与颜色都十分温馨，展现出现代美式居室质朴时尚的美感。

②融入金属元素的家具，设计线条简洁大方，皮质与金属的结合，带来更强的视觉冲击力。

仿古砖

肌理壁纸

米黄色网纹玻化砖

有色乳胶漆

印花壁纸

白枫木饰面板

有色乳胶漆

白枫木装饰线

混纺地毯

浅米色玻化砖

有色乳胶漆

胡桃木金刚板

仿古砖

艺术墙贴

白枫木装饰线

金属雕花隔断

红砖

皮革软包

浅米色网纹玻化砖

客厅装饰亮点

①铜质吊灯的颜值极高，全铜支架搭配磨砂玻璃灯罩，使光线更显柔和。

②金漆修饰的休闲座椅增添了空间的奢华气度。

③装饰画为华丽的空间注入清新的气息。

白枫木饰面板

客厅装饰亮点

①电视墙的壁炉造型，迎合了美式空间的装饰特点。

②茶几与边几选用金属支架搭配白色大理石，结实耐用，装饰效果极佳。

③布艺沙发柔软舒适，典雅质朴。

客厅装饰亮点

①装饰画与彩色布艺元素的色彩相得益彰，彰显出美式风格居室知性从容的美好格调。

②大叶绿植的点缀，增添了空间的自然趣味，这符合美式风格居室的自然格调。

客厅装饰亮点

①做旧的皮质沙发，增添了空间的质朴之感。

②实木双色家具，增添了空间的田园气息，搭配精美的花艺、工艺品，让整个客厅看起来更加温馨浪漫。

客厅装饰亮点

①金属色与灰蓝色的组合，彰显出现代美式空间以轻奢为美的风格特点。

②吊灯的设计充满科技感，为居室增添了时尚感与现代感。

客厅装饰亮点

①柔软舒适的布艺沙发，搭配深色的实木家具，表现出美式风格居室沉稳大气的美感。

②装饰画的运用让空间更富艺术感。

③绿植的点缀，为沉稳大气的空间增添了自然趣味。

仿古砖

车边银镜

白色玻化砖

客厅装饰亮点

①简单的直线条让素色墙面的视觉层次更加丰富，装饰画的运用使墙面更加饱满且富有无限趣味。

②大面积的地毯，中和了地砖的冷硬感，让客厅的舒适度得到提升，几何图案也为客厅增添了时尚感。

硅藻泥

客厅装饰亮点

①客厅选用美式三人位布艺沙发，柔软舒适的绒布饰面，贵气十足。

②小型家具采用金属支架，简洁利落，结实耐用，提升了空间气场。

③装饰画的运用，让色彩偏冷的墙面看起来更有趣味性。

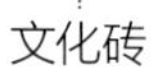

文化砖

仿古砖

米白色玻化砖

客厅装饰亮点

①吊灯的设计秀气精致，光线柔和，装饰效果极佳。

②铆钉与皮质的组合，让沙发表现出极佳的装饰效果。

有色乳胶漆

客厅装饰亮点

①利落的线条让素色的墙面看起来更有层次感，也彰显了现代美式居室简洁、明朗的一面。

②金属与钢化玻璃结合的现代家具为客厅增添了时尚感与奢华感。

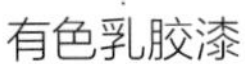
有色乳胶漆

有色乳胶漆

浅啡网纹玻化砖

有色乳胶漆

客厅装饰亮点

①美式卷边沙发，采用柔软的天然棉布，透气性好，舒适度更佳。

②深色实木家具是展现空间质感的最佳选择，风格沉稳大气，搭配浅色的布艺沙发，展现出现代美式风格空间独特的理性与优雅。

客厅材料课堂

木质装饰线

木质装饰线主要用作室内墙面的腰饰线、墙面洞口装饰线、护壁和勒脚的压条饰线、门框装饰线、顶棚装饰角线、栏杆扶手镶边、门窗及家具的镶边等。各种木质装饰线的造型各异，有多种断面形状，如平线、半圆线、麻花线、十字花线等。我们可以根据自己的喜好及装修风格来进行选择。

木质装饰线有实木装饰线与合成木质装饰线两种，在选购时可以掂量一下装饰线的重量，一般实木线比较重，而合成木质装饰线的密度如果不达标，装饰线的重量会很轻，使用寿命也会大打折扣。

有色乳胶漆

艺术地毯

石膏装饰线

客厅装饰亮点

①墙面规划成开放式的搁板，用于收纳书籍及饰品，方便日常取用。

②抱枕与坐墩、老虎椅的颜色形成呼应，使空间的整体氛围更显静谧、安逸。

③暖色的灯光让室内氛围更显温馨。

米色网纹玻化砖

客厅装饰亮点

①彩色布艺抱枕的运用，让空间的色彩更显丰富。

②淡淡的灰蓝色与白色组成的背景色，安逸感十足。

③柔软舒适的布艺沙发选用了百搭的米色，令空间更加温馨。

深啡网纹大理石波打线

客厅装饰亮点

①柔软的布艺沙发后的墙面搭配同色调的石膏线，营造出一个脱俗雅致的美式空间。

②深色实木家具的运用，为客厅营造出沉稳的气质，搭配暖色灯光，温馨典雅，透露出简约唯美的韵味。

肌理壁纸

客厅装饰亮点

①整个客厅以浅色为主，空间感强，对称的设计简洁大方。

②同色调的布艺沙发，素雅又温馨，让使用者感到无比放松。

③铜质吊灯，摒弃繁琐复杂的造型，简洁又时尚。

爵士白大理石

有色乳胶漆

布艺软包

白橡木金刚板

装饰硬包

白枫木装饰线

爵士白大理石

云纹大理石

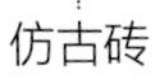
仿古砖

浅米色玻化砖

木质花格混油

铁锈黄大理石

有色乳胶漆

条纹壁纸

仿古砖

客厅装饰亮点

①深色实木家具色泽饱满，纹理清晰，彰显出传统美式风格居室沉稳大气的美感。

②抱枕的图案与花艺形成呼应，为传统风格居室增添了清爽怡人的自然气息。

手绘墙画

客厅装饰亮点

①古典灯饰的运用增添了室内的复古情调。

②米白色的布艺沙发淡雅舒适，为客厅增添了一份温馨。

③金属与钢化玻璃结合的家具，为空间添加了轻奢美感。

④花艺、画品的点缀带来生活情趣与自然韵味。

白枫木饰面板

云纹大理石

云纹大理石

客厅装饰亮点

①客厅的色彩明亮舒适，浅色的墙面、素雅的布艺沙发、简洁精致的家具，搭配得简约而舒适。

②以绿植作为软装点缀，整个空间自然气息浓郁，充满活力。

③灯具的造型极富时尚感，提升了空间的格调。

铁锈纹大理石

客厅装饰亮点

①灰色调的布艺沙发营造出现代美式居室的优雅格调。

②彩色布艺抱枕的点缀，丰富了空间的色彩层次，为居室增添魅力。

③绿植的点缀，让空间春意盎然，自然气息浓郁。

红橡木金刚板

仿木纹壁纸

仿古砖

硅藻泥壁纸

客厅装饰亮点

①格子图案的沙发为典雅的空间增添了活泼的气息。

②米色硅藻泥壁纸装饰的墙面，环保性能极佳。

③深色实木线条的修饰，丰富了空间整体的层次感。

米色玻化砖

客厅装饰亮点

①装饰画色彩清爽淡雅，增添了室内的自然趣味。

②深色调的家具营造出温馨柔和的空间效果。

③铁艺吊灯的黑色铸铁灯架搭配米色磨砂玻璃灯罩，光线柔和自然，外形复古别致。

有色乳胶漆

仿古砖

文化石

仿古砖

客厅材料课堂

木质搁板

在客厅的墙面设计安装木质搁板，既能起到良好的装饰效果，又有很实用的收纳功能。尤其适用于面积较小的客厅，它的收纳功能可以媲美收纳柜，在很大程度上释放了客厅的使用面积。

木质搁板分为四大类。实木板使用完整的木材制成，造价高，比较耐用。木夹板也称为细芯板，一般由多层板黏制而成，因此规格厚度也多种多样。装饰木板俗称面板，一般以夹材为基材，再将实木板刨切成薄木皮贴于表面，属于一种高级装饰材料。细木工板，俗称大芯板，价格较便宜，当然强度、性能方面也比较差。

客厅装饰亮点

①文化石与仿古砖的运用，展现出美式乡村风格朴素的美感。

②高颜值的双色实木家具，优雅的造型，装饰出美式居室温馨、浪漫的格调。

沙比利金刚板

条纹壁纸

大理石拼花

客厅装饰亮点

①云纹大理石装饰的电视墙，将现代美式风格的轻奢美感进行到底。

②金属与钢化玻璃为主要材料的茶几、边几，质感通透，造型美观。

③米色调的布艺沙发使客厅更显舒适宽敞。

白枫木装饰线

客厅装饰亮点

①装饰画的色彩清新淡雅，丰富了墙面设计。

②白色木质线条让墙面看起来更加优雅。

③布艺抱枕的色彩跳跃，丰富了整个室内的色彩层次。

客厅装饰亮点

①墙面运用简单的实木线条作为装饰，对称的造型，简约大方，赋予墙面丰富的层次感。

②深色调的实木家具，颜色饱满，纹理清晰，提升了整个客厅的品位。

③彩色布艺抱枕、精美的花艺绿植等软装饰品的运用，使整个客厅充满个人特色，彰显出主人的品位。

客厅装饰亮点

①做旧的布艺沙发、深色木质家具，将乡村美式风格的沉稳、质朴之美展现得淋漓尽致。

②装饰画、布艺抱枕、花艺等软装元素的运用，迎合了整个空间的乡村基调，带来清新、自然的视觉效果。

③铜质的环形吊灯，质感突出，暖色的灯光使居室氛围更显温馨舒适。

客厅装饰亮点

①以蓝色调的硅藻泥装饰墙面，环保健康，营造的氛围清新、安逸。

②家具的选材十分多元化，为空间注入了现代感。

③布艺沙发、抱枕的运用，增添舒适度与美观度。

客厅装饰亮点

①实木家具选择低调内敛的胡桃木色，色泽纯正、高贵大气。

②米色调的墙面及沙发，让居室氛围更加温馨。

③精致的印花壁纸搭配白色护墙板，流露出简洁唯美的自然风情。

印花壁纸

有色乳胶漆

客厅装饰亮点

①利用小型吧台在客厅的一侧规划出一个休闲角落，丰富空间的实用功能，提升生活质量与情趣。

②碎花图案的壁纸，展现出田园美式风格居室清新、浪漫的氛围。

③双色实木家具的造型古朴而优雅，更加彰显了美式风格的精致品位。

仿古砖

客厅装饰亮点

①蓝色的运用，丰富了整个客厅的色彩，营造出一个静谧、安逸、舒适的氛围。

②沙发选用质感突出的绒布，增添了客厅的质朴韵味，让整个客厅都散发着美式田园的优美气息。

密度板混油

仿古砖

有色乳胶漆

木纹大理石

米白色网纹玻化砖

车边银镜

客厅装饰亮点

①绿植花艺的点缀，增添了室内的自然趣味。

②华丽的吊灯有着极佳的装饰效果，暖色灯光搭配水晶吊坠，尽显古典美式的奢华气度。

③实木家具上镶嵌着精致的鎏金雕花，彰显了古典家具的贵气与匠心。

有色乳胶漆

客厅装饰亮点

①经典的美式家具，色泽饱满，优美的造型精致复古。

②浅米色调作为背景色，与深色木质家具相结合，沉稳大气又不失温馨之感。

③暖色灯光明亮又温馨。

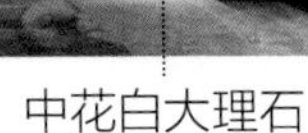

中花白大理石

艺术地毯

肌理壁纸

铁锈纹大理石

客厅材料课堂

肌理壁纸

肌理壁纸是经过发泡处理的壁纸，立体感强，纹理逼真，具有良好的质感。不同的肌理图案，因反射光的空间分布不同，会产生不同的光泽度和质感，给人带来不同的心理感受。例如，细腻光亮的质面，反射光的能力强，会给人轻快、活泼、欢乐的感觉；平滑哑光的质面，由于光反射量少，会给人含蓄、安静、质朴的感觉；粗糙亮光的质面，由于反射光点多，会给人缤纷、闪耀的感觉；而粗糙哑光的质面，则会使人感到生动、稳重和悠远。

客厅装饰亮点

①茶几、边几、电视柜等家具融入了大量新型材料，简洁利落的造型，为空间增添了时尚感。

②灰色调的布艺沙发，让整个客厅的色调优雅、高级，搭配蓝色、黄色或同色的抱枕，更显雅致。

印花壁纸

米色哑光地砖

布艺软包

有色乳胶漆

印花壁纸

爵士白大理石

白枫木装饰线

混纺地毯

黄橡木金刚板

欧式花边地毯

灰白色网纹玻化砖

印花壁纸

云纹大理石

有色乳胶漆

仿古砖

红砖

艺术地毯

客厅装饰亮点

①精美的印花壁纸，彰显了美式情调细腻的美感。

②铁艺吊灯采用黑色铸铁灯架搭配白色磨砂玻璃灯罩，造型复古，线条优雅。

木质花格

客厅装饰亮点

①胡桃木色的家具，优雅的造型尽显传统美式家具的沉稳大气。

②米白色调的布艺沙发，中和了深色的沉闷，使室内氛围更加温馨。

③吊灯、筒灯、灯带的组合运用，让色调沉稳的传统空间更显明亮。

中花白大理石

客厅装饰亮点

①美式铜质吊灯，米白色的灯罩搭配纯铜的底座，简约而不失优雅，美式韵味浓郁。

②明快的黄色是客厅装饰的亮点，虽然面积很小，却能带来十分抢眼的跳跃感，让居室色彩层次更加丰富。

客厅装饰亮点

①采用半通透的矮墙代替传统的实墙，使客厅的通透感更好，矮墙台面上还可以用来摆放一些书籍、花卉、饰品等。

②装饰画的运用，让沙发与墙面的同色调配色看起来层次更加丰富。

③窗帘与休闲椅的颜色形成呼应，呈现的视觉感饱满、高级。

灰白网纹大理石

客厅装饰亮点

①白色护墙板结合壁纸装饰的墙面，简洁大方且层次丰富。

②绿色休闲椅的运用，活跃了室内的色彩氛围，增添了生活趣味。

客厅装饰亮点

①硅藻泥壁纸装饰墙面，其强大的环保性能是其他装饰材料望尘莫及的。

②深色家具为居室带来沉稳、厚重的传统美感。

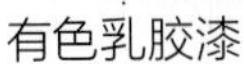
有色乳胶漆

仿古砖

客厅装饰亮点

①金属色线条让素色调的墙面看起来更有层次感，展现出现代美式风格居室轻奢唯美的特点。

②吊灯的设计造型新颖别致，兼具观赏性和实用性。

中花白大理石

客厅装饰亮点

①客厅整体给人鸟语花香之感，装饰画、布艺抱枕、花艺绿植等软装元素，都迎合了这一装饰主题。

②休闲椅轻奢感十足，皮质饰面搭配实木框架，与彩色布艺抱枕、地毯、装饰画等形成呼应，营造出一个轻奢、浪漫的美式风格小家。

红橡木金刚板

白橡木金刚板

条纹壁纸

艺术地毯

客厅装饰亮点

①灰色调的布艺沙发，为美式风的居室带来时尚感。

②茶几、边几、电视柜等家具选用金属色与黑色为主要色调，打造出空间的轻奢美感。

③绿植的点缀必不可少，为空间带来勃勃生机。

中花白大理石

客厅装饰亮点

①通透的玻璃让客厅更显宽敞明亮。

②沙发的颜色十分清爽，搭配彩色抱枕，整体层次更加丰富，色调明快。

③环形吊灯的设计充满现代时尚感，提升了整个空间的颜值。

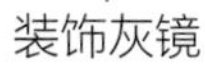
装饰灰镜

黄橡木金刚板

红橡木金刚板

客厅装饰亮点

①贝壳造型的沙发，配色自然质朴，呈现出自然舒适的气息，搭配大量彩色布艺抱枕，呈现的视觉效果更加和谐丰富。

②深色木地板增添了客厅的质朴气质，也让空间氛围更加沉稳高级。

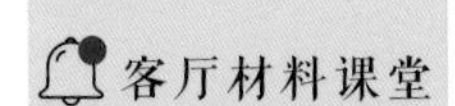
客厅材料课堂

竹木复合地板

竹木复合地板的色泽自然清新，表面纹理细腻流畅，具有防潮、防腐、防蚀以及韧性强、有弹性的特点。由于竹木复合地板芯材采用了木材做原料，故其稳定性极佳，结实耐用，触感好，隔音性能好。从健康角度而言，竹木复合地板尤其适合有老人与小孩的家庭。

在日常使用中，应经常清洁竹木复合地板，保持地面的干净卫生，清洁时，不能用太湿的抹布或拖把。日常保养时，可以每隔几年打一次地板蜡，这样维护效果更佳，可以延长地板的使用寿命。

仿古砖

混纺地毯

爵士白大理石

客厅装饰亮点

①蓝色调作为客厅的主题色，搭配浅色背景，给人以安逸、舒适的感觉。

②金属色的运用让客厅呈现出华美的气息。

装饰硬包

客厅装饰亮点

①抽象装饰画的运用，让现代美式风格居室的艺术气息更加浓郁。

②茶几、边几采用金属作为支架，优雅美观，结实耐用。

③L形布艺沙发，让客厅更显温馨舒适。

客厅装饰亮点

①装饰画的题材简约而不简单，艺术感十足。

②圆形茶几以黑色与金色为主色，造型简约，低调奢华。

客厅装饰亮点

①彩色布艺抱枕与沙发的搭配，配色层次丰富。

②墙饰代替装饰画，极富质感与艺术气息。

③椭圆形茶几选用金属支架搭配白色大理石，金属的可塑性让茶几的造型别致新颖，轻奢感十足。

仿木纹人造大理石

仿古砖

白枫木装饰线

印花壁纸

有色乳胶漆

浅色仿古砖

印花壁纸

装饰银镜

仿古砖

米白色玻化砖

黄橡木金刚板

泰柚木饰面板

白橡木金刚板

客厅装饰亮点

①将电视墙设计成收纳柜，增加了室内的收纳储物空间，也使空间的层次更加丰富。

②条纹布艺饰面的老虎椅搭配米字旗图案的抱枕，呈现出浓郁的美式情调。

客厅装饰亮点

①沙发与墙面选择同色系配色，白色石膏线与装饰画的运用让墙面层次更加丰富。

②印花壁纸装饰的电视墙，精致的卷草图案尽显美式风情的优雅格调。

白枫木饰面板

肌理壁纸

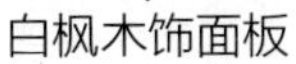

艺术地毯

客厅装饰亮点

①蓝白格子作为空间的装饰主角，呈现的视觉效果十分明快。

②白色实木家具的造型优雅，圆润的修边柔和精致。

③花艺、画品、灯饰等软装饰品的运用，丰富了空间整体视感，提升了品位。

印花壁纸

客厅装饰亮点

①深色家具彰显了美式风格淳朴、厚重的风格基调，装饰画提升了空间的艺术感。

②纯铜材质的美式吊灯，造型简约，米白色灯罩让光线更加柔和，十分契合美式风。

有色乳胶漆

印花壁纸

白枫木装饰线

客厅装饰亮点

①环形吊灯的支架采用纯铜材质，彰显了古典灯具的精湛工艺与品位。

②白色实木线条的运用，让墙面看起来更显简洁利落。

③绿植增添室内的自然韵味与生机。

黄橡木金刚板

客厅装饰亮点

①柔软舒适的沙发提升了客厅的舒适度，搭配深色木质家具，深浅对比明快，丰富了室内色彩层次。

②白色墙漆与暖色壁纸的搭配，为客厅营造出一种静谧、安逸的氛围。

客厅色彩课堂

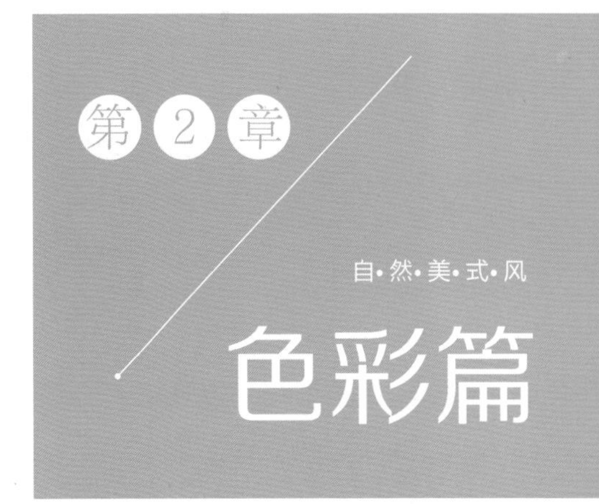

大地色系组合运用

大地色系可以为空间增添古典韵味和厚重感。居室的墙面、地面以及家具可以选用不同深浅度的棕色、米色、咖啡色或茶色等大地色，再通过不同材质来设计层次，营造出一个古朴、厚重的传统美式风格空间。

有色乳胶漆

胡桃木饰面板

中花白大理石

仿古砖

石膏装饰线

木纹砖

客厅装饰亮点

①以花鸟作为整个空间的装饰主题，彰显出乡村美式风格追求质朴，崇尚自然的风格魅力。

②铁艺吊灯的线条优美流畅，暖色的灯光营造出温馨的氛围。

③深色实木家具，色彩纯正，沉稳大气。

仿古砖

客厅装饰亮点

①仿古砖装饰的地面，复古时尚，耐磨轻奢。

②暗暖色的布艺沙发，营造出传统美式风格居室沉稳、内敛的美感。

③白色墙砖采用工字形拼贴方式，简洁而富有美感。

客厅装饰亮点

①三人位布艺沙发柔软舒适，色调简约淡雅，与墙面形成的对比十分柔和，展现出现代美式风格从容、随性的美感。

②几何图案地毯，美观实用，成为空间最抢眼的点缀。

客厅装饰亮点

①电视墙采用精致的印花壁纸作为装饰，精美的植物图案，清爽宜人。

②茶几造型别致，钢化玻璃台面搭配精致的金属支架，通透的质感，装饰效果极佳。

③沙发、抱枕、地毯等布艺元素的搭配，和谐温馨。

仿洞石玻化砖

客厅装饰亮点

①素色调的墙漆为现代美式客厅营造出一种简约、温馨的氛围。

②抽象装饰画的运用，增添了空间的趣味性与艺术气息。

米色网纹玻化砖

客厅装饰亮点

①实木茶几的造型复古，纯实木选材，结实耐用，装饰效果极佳。

②金属线条被运用在小型家具中，增添了空间的时尚感与现代气息。

③浅色布艺沙发搭配彩色抱枕，色彩和谐，与客厅的整体色调形成呼应。

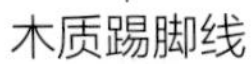

木质踢脚线

黄橡木金刚板

客厅装饰亮点

①壁纸选择复古的纹样，让简约的空间看起来精致而典雅。

②灰色调的沙发呈现的视感十分高级，轻奢美感油然而生。

印花壁纸

客厅装饰亮点

①沙发与墙面选用同色调配色，展现出现代美式风格从容、随性的美感。

②抽象题材的装饰画，让同色调的沙发与墙面看起来更有层次感，也增添了空间的艺术氛围。

③绿植的点缀不可或缺，为客厅注入了自然清新的活力。

肌理壁纸

白枫木饰面板

白色人造大理石

印花壁纸

石膏装饰线

客厅装饰亮点

①卷草图案的壁纸表现出乡村美式风格的自然、质朴之美。

②棕红色实木家具色泽纯正，造型优雅，提升空间的装饰效果。

③百搭的米白色布艺沙发是营造客厅温馨氛围的秘密武器。

装饰壁布

客厅装饰亮点

①电视墙的壁布花色清秀淡雅，为空间注入自然清新的美感。

②卷边沙发宽大舒适，做旧的色调为客厅带来淳朴、自然的气息。

③小面积的黄色，提升整个空间的格调，使居室氛围更加活跃、明快。

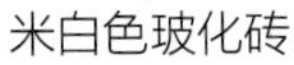

米白色玻化砖

有色乳胶漆

浅啡网纹大理石

有色乳胶漆

客厅色彩课堂

大地色与绿色的组合

大地色与绿色的组合运用可以彰显传统美式风格居室厚重、宽大、自然的特点。通常以大地色作为背景色或主题色，而绿色仅体现在窗帘、抱枕、坐垫、地毯等软装元素中，这样既不会破坏空间的整体感，又能为传统的美式风格注入生命力。

客厅装饰亮点

①深棕色的皮质沙发、做旧的木质家具，以复古的造型，沉稳的色调，充分彰显复古情怀。

②绿色作为沙发墙的主色，搭配白色线条，呈现出清爽、明快的视觉效果。

仿古砖

白枫木饰面板

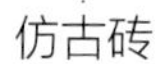

黑白根大理石波打线

客厅装饰亮点

①黑白色调的装饰画，打破了浅色墙面的单一感，为客厅增添了艺术趣味。

②绿植的点缀，为色彩沉稳的空间带来了无限生机。

③灰色调布艺元素的运用，让居室充满高级感。

文化砖

客厅装饰亮点

①文化砖装饰的电视墙，造型十分符合美式居室的特点，斑驳的质感更加彰显了乡村风格自然质朴的美感。

②蓝色墙漆与白色护墙板的组合，色彩对比明快而清爽。

沙比利金刚板

客厅装饰亮点

①兽腿家具精湛的工艺搭配奢华的描金雕花，尽显古典家具的奢华大气。

②高颜值的墙饰，为空间呈现不一样的美感。

中花白大理石

客厅装饰亮点

①沙发与墙面壁纸采用同类色，彰显了现代美式风格居室淡雅、从容的生活态度。

②沙发的一侧选择放置一张休闲椅来增添空间的休闲氛围，整个客厅给人的感觉简约而悠闲。

有色乳胶漆

混纺地毯

客厅装饰亮点

①造型复古精致的台灯起到调节空间氛围的作用，让客厅更显优雅温馨，装饰效果极佳。

②实木家具的色调纯正，简约的造型带有一定的收纳功能，兼备了功能性与装饰性。

客厅装饰亮点

①做旧的木质家具，造型简洁，圆润的修边更显匠心独运。

②灰色调的布艺沙发，柔软舒适，让美式风格空间的配色充满现代感。

文化石

沙比利金刚板

客厅装饰亮点

①木质茶几的造型简单大方，沉稳的深色调让整个客厅的重心更加稳定。

②壁炉代替了电视墙，创意十足，更加彰显了客厅的美式格调。

③柔软舒适的布艺沙发，配上各种色彩的抱枕，自有一番精致品位。

印花壁纸

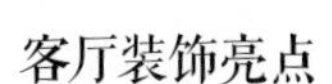

客厅装饰亮点

①复古纹样的老虎椅是客厅装饰的点睛之笔，色彩清爽，棉麻布艺质地，舒适休闲。

②美式布艺沙发简约大方，承袭了现代美式风格居室清新简洁的特点。

③大量的绿植花艺作为装饰，展现出回归自然的生活态度。

有色乳胶漆

白色人造大理石

白枫木饰面板

印花壁纸

灰白色洞石

白色乳胶漆

有色乳胶漆

仿古砖

胡桃木金刚板

印花壁纸

有色乳胶漆

红橡木金刚板

中花白大理石

白色乳胶漆

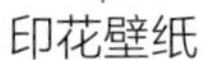

印花壁纸

沙比利金刚板

黑白根大理石波打线

客厅装饰亮点

①沙发两侧各摆放了一把美式老虎椅，让空间的休闲感更加浓郁。

②电视墙采用矮墙式设计，将书房与客厅完美分割，还不会产生压抑感。

③以白色为背景色，让整个空间看起来更加宽敞明亮。

客厅装饰亮点

①吊灯的设计十分简约，纯铜的灯架搭配简单的白色灯罩，装饰效果极佳。

②大叶绿植让空间自然气息浓郁。

③金属支架的茶几搭配黑色台面，颜值高、结实耐用。

有色乳胶漆

白枫木饰面板

有色乳胶漆

有色乳胶漆

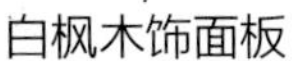

客厅色彩课堂

木色与粉色系的搭配

木色与粉色系的搭配可以为美式风格居室增添一份浪漫气息，粉红色、粉蓝色、粉绿色或紫红色作为空间立面的主色，与充满自然气息的深木色或浅木色相搭配，弱化了粉色调的甜腻感，让人感受到现代美式风格温馨自然的气质。

客厅装饰亮点

①复古的粉色，搭配精致的石膏浮雕，强化了空间的奢华气度，复古情怀浓郁。

②白色皮质沙发的运用，中和了粉色带来的沉闷与压抑感，让空间的整体氛围更舒适。

③绿植的点缀运用，增添了复古空间的自然气息。

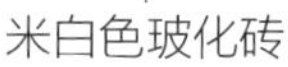

米白色玻化砖

肌理壁纸

白色板岩砖

客厅装饰亮点

①蓝色与白色的组合运用，让客厅的视觉效果更加简洁明快。

②双色实木家具的设计优美，彰显出田园美式风格的优雅与浪漫。

仿古砖

客厅装饰亮点

①蓝色的背景色让整个空间都沉浸在安逸、宁静的氛围当中。

②暗暖色的皮质沙发，极佳的质感，彰显了美式风格的精致格调。

③仿古砖的运用强化了美式风格空间的淳朴美感。

客厅装饰亮点

①吊灯以纯铜为支架，搭配透明玻璃灯罩，光线更加明亮，高颜值的灯饰带来大气典雅的视觉效果。

②坐墩的颜色十分清爽，皮质饰面搭配金属支架，轻奢唯美。

客厅装饰亮点

①明黄色的老虎椅是客厅中色彩搭配的亮点，也增添了居室的休闲氛围。

②茶几选用黑色大理石搭配金色金属支架，轻奢感十足。

③墙面选用淡淡的灰蓝色作为背景色，营造出静谧、安逸的空间氛围。

白枫木装饰线

客厅装饰亮点

①金属材质的墙饰，造型新颖别致，为客厅带来时尚感。

②休闲椅与沙发的色彩搭配和谐中带有一份复古意味，将现代美式风格的轻奢美感演绎到底。

红橡木金刚板

客厅装饰亮点

①深色木地板，温润纯正的色泽，营造出美式居室沉稳、内敛的格调。

②布艺沙发选择了带有现代感的灰色调，为复古美式风格居室融入时尚气息。

布纹砖

有色乳胶漆

仿古砖

客厅装饰亮点

①绿色与白色作为背景色，层次分明，清新自然，展现出田园美式特有的格调。

②深色实木家具、做旧的皮质沙发，尽显优雅大气。

③鹿头装饰是客厅装饰的点睛之笔，为客厅带来一份沉着的野性之美。

白色板岩砖

客厅装饰亮点

①装饰画采用射线形排列，丰富了墙面的视觉层次，艺术感十足。

②搁板带有浓郁的乡村田园风情，可以用来收纳、展示一些小件物品，兼备了装饰性与功能性。

③彩色布艺抱枕搭配柔软的布艺沙发，清爽、自然、舒适。

有色乳胶漆

仿古砖

实木雕花隔断

浅米色大理石

黄橡木金刚板

木纹玻化砖

白枫木饰面板

印花壁纸

陶质木纹砖

文化石

米色网纹玻化砖

有色乳胶漆

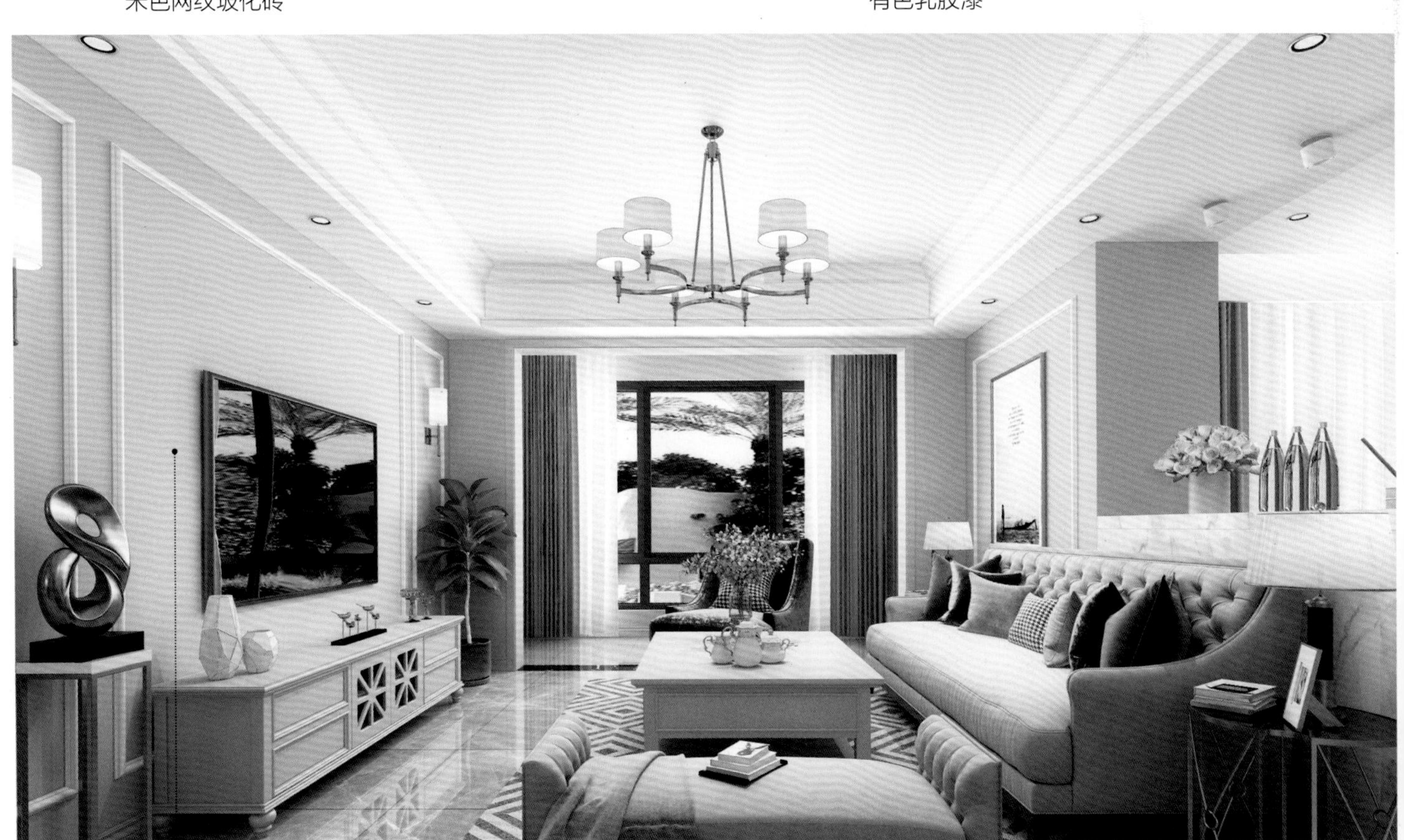

有色乳胶漆

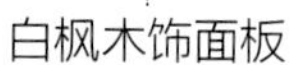

白枫木饰面板

文化砖

米白色玻化砖

客厅装饰亮点

①客厅家具的色彩搭配沉稳中带有一份复古韵味。

②黑白色调的装饰画增添了空间的现代气息与艺术感。

③暖色的灯光让室内氛围更加温馨。

爵士白大理石

客厅装饰亮点

①吊灯的造型简单大方，金属配件搭配水晶元素，让空间拥有了时尚感。

②抱枕与沙发的色彩组合将现代美式的轻奢美感充分展现。

③绿植的点缀，让客厅有了自然趣味。

胡桃木饰面板

仿古砖

仿古砖

肌理壁纸

客厅色彩课堂

大地色系与彩色的组合

现代美式风格以原木自然色调为基础，一般以白色、红色、绿色等色系作为居室主要色调，而在墙面、家具以及陈设品的色彩选择上，多以自然、怀旧、散发着质朴气息的色彩为主，如：米色、咖啡色、褐色、棕色等。整体色彩朴实、怀旧，贴近大自然。

客厅装饰亮点

①客厅的设计简约大气，弱化了传统美式风格的沉重感，背景色的搭配温馨和谐，营造出简洁明快的氛围。

②手工编织的收纳筐搭配精心挑选的花艺植物，为客厅注入了引人入胜的自然之美。

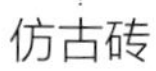

仿古砖

艺术地毯

白色玻化砖

客厅装饰亮点

①铁艺吊灯的造型十分复古，搭配白色磨砂玻璃，光线明亮又柔和。

②利落的白色线条让墙面设计简洁大方。

③电视墙规划成收纳柜，丰富空间的设计层次，也为居室的收纳储物提供了更多的空间。

装饰硬包

客厅装饰亮点

①沙发与墙面选择同色系配色的手法，使空间的整体氛围更加柔和安逸。

②抽象题材的装饰画让客厅充满艺术气息。

③环形吊灯，以考究的纯铜做灯架，品质与艺术感同在。

客厅装饰亮点

①客厅以浅绿色为主，素雅恬静。

②沙发墙规划成开放式的搁板，将大量书籍、工艺品收纳其中，带给空间丰富的视觉层次。

客厅装饰亮点

①抽象题材的装饰画缓解了白墙的单一感，赋予墙面极佳的层次感与艺术感。

②深色皮质沙发的运用，让以白色为背景色的客厅视觉中心更加稳定，同时也彰显了美式风格的沉稳格调。

③彩色布艺元素的运用，为居室注入清新自然之感。

有色乳胶漆

客厅装饰亮点

①经典的美式家具，选材考究，造型优美，展现了传统美式家具的复古情怀与奢华气质。

②装饰画、布艺抱枕、花艺的结合，让空间充满自然韵味。

密度板混油

客厅装饰亮点

①吊灯选用纯铜作为灯架，搭配色彩斑斓的玻璃灯罩，装饰效果极佳。

②蓝色木饰面板的做旧处理，为居室增添了一份质朴、沧桑的美感。

③做旧的实木家具呈现出内敛、沉着的美感。

羊毛地毯

中花白大理石

客厅装饰亮点

①红砖与仿古砖作为墙、地的装饰材料，表达出乡村美式风格自然、质朴的美感。

②柱腿式实木家具，大气典雅，体现出美式家具的质感，彰显生活品位。

③米色调的布艺沙发是营造温馨氛围的首选。

红砖

客厅装饰亮点

①碎花壁纸的运用，丰富了空间的色彩。

②柱腿式木质家具选用蓝色与白色结合，为空间带来明快的氛围。

③绿植、花艺、灯饰、画品的点缀，彰显了美式风格居室精致的格调。

印花壁纸

有色乳胶漆

印花壁纸

黄橡木金刚板

有色乳胶漆

混纺地毯

红橡木金刚板

白枫木装饰线

米色玻化砖

印花壁纸

肌理壁纸

实木顶角线

有色乳胶漆

有色乳胶漆

浅啡色网纹玻化砖

印花壁纸

客厅装饰亮点

①茶几选用造型优美的金属支架，搭配白色大理石，令客厅充满时尚感。

②做旧处理的皮质沙发彰显了传统美式家具沉稳大气的特质。

③几何图案的地毯提升空间的装饰颜值。

黄橡木金刚板

客厅装饰亮点

①布艺窗帘的颜色十分厚重，良好的遮光性保证了室内光线的舒适度。

②大马士革图案的壁纸，精致典雅。

③绿植让沉稳内敛的空间有了自然趣味。

客厅软装课堂

美式风格家具

1. 传统美式风格家具最迷人之处在于造型、纹路、雕饰和细腻高贵的色调。用色一般以单一的深色为主，强调实用性的同时非常重视装饰感，使整体家居氛围更显稳重优雅。工艺精湛的实木雕花家具、做旧的皮质沙发抑或是美式意味浓郁的老虎椅都是传统美式家具的代表。

2. 现代美式风格居室中的家具，既有古朴、雅致的实木雕花装饰，又融入了大量的现代元素。造型简约舒适的布艺沙发、做旧处理的柱腿式木质家具、带有简约雕花元素的实木家具都能彰显出现代美式家具简约时尚的特点。

有色乳胶漆

白枫木饰面板

混纺地毯

浅灰色网纹玻化砖

中花白大理石

有色乳胶漆

客厅装饰亮点

①沙发与墙面选用同色系配色，营造出一个温馨舒适的空间氛围。

②暖色的灯光让居室氛围更和谐。

③实木家具的颜色纯正，工艺精湛，彰显了空间的复古情怀。

混纺地毯

客厅装饰亮点

①将电视墙的两侧设计成开放式的搁板，可用来收纳及展示各种工艺品、书籍。

②以浅色作为背景色的客厅，看起来更加宽敞明亮。

③深色皮质沙发让居室的色彩重心更加稳定，也为空间增添了一份时尚感。

仿木纹玻化砖

客厅装饰亮点

①金属线条的运用，让素雅的墙面显得更高级，更有层次感。

②米白色布艺沙发十分百搭，与彩色布艺抱枕组合运用，表现出现代美式风格随性、自由的特点。

米白色玻化砖

客厅装饰亮点

①小空间内利用家具色彩进行分区。

②老虎椅的选色比较跳跃，增添居室的活力。

③空间硬装部分选用白色系为主色，视感更加明亮舒适。

黑白根大理石波打线

客厅装饰亮点

①金属线条的勾勒，为简约的现代美式客厅添了一份奢华之美。

②休闲椅选用了柔和的淡粉色，搭配米色调的沙发，打造出一个优雅、浪漫的现代美式风格客厅。

泰柚木饰面板

客厅装饰亮点

①大理石台面下方灯带的运用，让石材拥有了轻盈通透的视觉效果。

②彩色布艺抱枕与装饰画的色彩形成呼应，丰富了空间的视觉层次。

浅啡色网纹玻化砖

爵士白大理石

客厅装饰亮点

①花白大理石的运用让客厅更为简洁通透。

②硬包的粉色与沙发的蓝色相结合，复古感十足。

③休闲椅、坐墩、矮凳的穿插运用，让客厅家具的搭配更加多元。

装饰硬包

客厅装饰亮点

①吊灯的设计新颖别致，增添空间的时尚感与现代感。

②皮质家具的质感十分突出，提升了整个空间的颜值。

③少量茶镜的运用，让硬装设计的层次更加丰富。

装饰茶镜

印花壁纸

爵士白大理石

仿古砖

客厅装饰亮点

①美式复古风扇吊灯，精湛的工艺，为居室带来怀旧的气氛。

②三人位的布艺沙发与墙面保持同色，呈现的视觉效果更加温馨。

③箱式茶几有着一定的收纳功能，样式复古又厚重，装饰效果极佳。

白枫木饰面板

客厅装饰亮点

①环形铁艺吊灯，黑色铸铁灯架搭配米黄色灯罩，灯光效果更显柔和。

②米色布艺沙发+淡蓝色老虎椅，清新典雅，营造出舒适休闲的氛围。

③黑胡桃木色柱腿家具，展现了传统美式家具沉稳大气的特点。

客厅装饰亮点

①装饰画让简洁的墙面设计更有层次感，为居室增添了浓郁的艺术气息。

②三人位的布艺沙发与墙面采用同色系配色，整体效果更加温馨舒适。

客厅装饰亮点

①黄色休闲椅的运用，丰富了空间的配色层次，也增添了休闲气息。

②吊灯的设计新颖，磨砂灯罩让光线更为柔和。

③高低错落的组合茶几上随意摆放的花束、工艺品都是客厅中不可或缺的装饰元素。

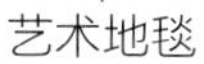

艺术地毯

浅灰色网纹玻化砖

白枫木装饰线

客厅装饰亮点

①浅色调的布艺沙发搭配色彩清爽的布艺抱枕，整体视感简洁温馨。

②简单的直线条让墙面的设计更显利落。

③大块地毯的颜色清爽淡雅，提升了客厅的舒适度。

爵士白大理石

客厅装饰亮点

①深蓝色布艺沙发搭配白色调的墙面，深浅颜色对比强烈，为居室营造出明快的视觉效果。

②吊灯的设计充满时尚感，暖色的灯光也使空间氛围更温馨。

木纹大理石

艺术地毯

石膏装饰线

木质踢脚线

客厅软装课堂

美式风格布艺元素

1. 传统美式风格居室中的窗帘、地毯、抱枕等布艺元素的装饰图案多以大朵的花卉为主，如月桂、莨菪、大朵玫瑰等图案。色彩以自然色调为主，酒红、墨绿、土褐色等最为常见，设计粗犷自然，面料多采用手感舒适、透气性好的棉麻材质。

2. 现代美式风格居室中的布艺软装饰往往是整个家居中最出彩的装饰元素，通常以棉、麻等天然织物为主，图案有形状较大的花卉、经典的欧式花纹、英伦格子、条纹等，色彩一般选用米白、米黄、紫色、土褐、酒红、墨绿、深蓝等。款式简洁明快，实用性强。

客厅装饰亮点

①白色石膏线搭配素色调的墙漆，营造出一个简洁、素净的空间氛围。

②柱腿式实木家具、老虎椅，表现出传统美式风格的复古情怀。

仿古砖

浅灰色网纹玻化砖

艺术地毯

客厅装饰亮点

①橙色休闲椅与抱枕的颜色形成呼应，同时彰显了美式风格客厅的复古情怀。

②洁白通透的大理石装饰电视墙，整体视感简洁明快。

③地毯选择几何图案，装饰效果极佳。

胡桃木饰面板

客厅装饰亮点

①白色调作为客厅的主题色，为客厅带来简约、通透、明亮的视觉效果。

②装饰画提升了空间的艺术感。

③暖色灯光让室内氛围更显温馨。

客厅装饰亮点

①深色实木家具的色泽饱满，纹理清新，表现出传统美式居室的沉稳大气。

②以花草为题材的装饰画，让简洁的墙面更有层次感，也增添了整个空间的自然气息。

客厅装饰亮点

①软包的颜色与墙漆保持一致，营造出一种清新、自然的空间氛围。

②高颜值的双色实木家具，造型优雅，既有收纳功能，又有装饰效果。

③花艺的运用与空间的自然基调相融合，令整个客厅散发着自然、随性的美感。

客厅装饰亮点

①皮质沙发造型复古，搭配米字旗图案的抱枕，呈现出浓郁的美式格调。

②复古的实木家具，色泽纯正，沉稳大气。

客厅装饰亮点

①蓝色作为客厅的背景色，让空间呈现出秀雅的气质。

②土黄色布艺沙发的运用为客厅增添了温暖，使空间色彩的重心更加稳定。

③复古的铁艺吊灯，装饰效果极佳，带有浓郁的复古情调。

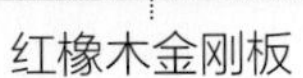

红橡木金刚板

艺术地毯

客厅装饰亮点

①环形吊灯的造型时尚，为客厅增添了现代气息，提升了空间颜值。

②装饰画让单一的墙面看起来更有艺术感与趣味性。

③家具的设计中融入了大量的金属元素，结实耐用，颜值极高。

布艺软包

客厅装饰亮点

①箱式茶几及电视柜，造型优雅，兼备了装饰性与收纳功能。

②休闲椅的选色为田园美式空间注入一份浓郁的复古情怀。

③绿植的点缀，让居室的田园气息更浓郁。

有色乳胶漆

艺术地毯

装饰壁布

爵士白大理石

客厅装饰亮点

①吊灯的设计充满现代感，铜质灯架质感极佳，提升了空间的品位。

②墙面软包的面料清新优雅，展现出现代美式风格居室的轻奢美感。

③花艺的点缀，使美式生活悠闲精致的格调更加突出。

布艺软包

客厅装饰亮点

①两张装饰画的色彩形成对比，丰富了整个空间的配色层次。

②百搭的米色布艺沙发让居室氛围显得更加温馨。

③家具融入了大量金属元素，增添了空间的现代气息与轻奢气度。

羊毛地毯

客厅装饰亮点

①装饰画颜色及题材都十分引人注目，大大提升了整个空间的艺术感。

②沙发与墙面采用同色系配色，利用不同材质打造层次感，给人以简约舒适的感受。

有色乳胶漆

客厅装饰亮点

①深蓝色的主题色，将传统美式风格沉稳大气的格调表现得淋漓尽致。

②休闲椅与老虎椅的运用，给空间带来轻松的氛围。

③将金属元素融入家具中，大大提升了空间的时尚感与现代感。

混纺地毯

硅藻泥壁纸

陶质木纹砖

客厅装饰亮点

①电视墙设计成壁炉造型，强调了空间的美式格调。

②皮质沙发、休闲椅的运用，为居室融入了后现代的摩登感。

爵士白大理石

客厅装饰亮点

①窗帘、休闲椅及抱枕的颜色形成呼应，既能体现软装搭配的用心，又营造了空间配色层次。

②大叶绿植的运用，增添了空间的自然趣味。

客厅装饰亮点

①背景色选用蓝色与白色，明快的对比，让空间的整体氛围更显活跃。

②深色实木家具搭配浅色布艺沙发，通过深浅对比弱化了传统美式家具的厚重感，赋予空间极佳的层次感与美感。

客厅软装课堂

美式风格灯饰

1. 传统美式风格灯饰比较注重古典情怀，材料选择考究，也十分多元化，有铁艺、树脂、铜质、水晶、陶瓷等，常以古铜色、亮铜色、黑色铸铁作为灯具框架，搭配暖色的光源，形成冷暖色相互衬托的装饰效果。

2. 现代美式风格灯饰的造型更加简洁，材质以铜质、铁艺、陶瓷、玻璃为主。如亮铜色的支架搭配白色磨砂玻璃灯罩，搭配暖色光源，更注重舒适感。

木纹大理石

装饰壁布

布艺软包

客厅装饰亮点

①淡绿色布艺软包搭配白色护墙板，清爽淡雅。

②水晶吊灯的运用，为美式风格居室增添了复古的华丽感。

印花壁纸

客厅装饰亮点

①墙面装饰图案迎合了乡村美式崇尚自然的情怀。

②深蓝色的布艺沙发、深色实木家具等增添了空间的厚重感，也彰显了乡村美式风格淳朴大气的格调。

艺术地毯

客厅装饰亮点

①金属支架让家具的线条更加突出，结实耐用，美观度高。

②客厅整体以浅色为主，明快、宽敞、亮堂。

浅米色网纹玻化砖

客厅装饰亮点

①两幅装饰画的颜色形成互补，凸显了主人在软装搭配上的用心。

②彩色布艺抱枕点缀在浅色的沙发上，提升舒适度的同时，也让配色层次更加丰富。

③深色实木家具上精湛的描金雕花，表现出古典家具的魅力与匠心。

仿布纹壁纸

客厅装饰亮点

①箱式茶几、电视柜的色泽纯正，选材考究，装饰效果极佳，还能满足客厅的储物需求。

②米色调的布艺沙发，宽大、柔软、舒适，彰显了美式风格居室质朴、怀旧的情怀。

仿古砖

客厅装饰亮点

①暗暖色作为客厅的背景色，给人以沉稳、安逸的感觉。

②抱枕的选色十分丰富，提升了整个空间的装饰效果。

③双色实木家具的造型优美，无论是胡桃木色与白色或是胡桃木色与蓝色的组合，都带有几分复古怀旧之感。

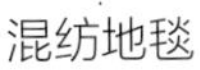
混纺地毯

浅米色玻化砖

客厅装饰亮点

①墙面设计简洁大方，对称的造型让空间视感更加利落。

②吊灯的金属质感增添了客厅的时尚感。

③格子图案的运用，带来视觉上的律动感，也是现代美式风格居室比较偏爱的装饰元素。

石膏装饰线

客厅装饰亮点

①电视墙采用少量的镜面作为装饰，赋予墙面更丰富的层次感。

②浅灰色调的布艺沙发为空间增添了现代感与时尚感。

③黑白色调的装饰画艺术气息浓郁。

混纺地毯

羊毛地毯

米白色网纹玻化砖

白枫木装饰线

客厅装饰亮点

①带有金属元素的小型家具，错落有致地摆放在客厅中，带来时尚感。

②橙色休闲椅为客厅带来一份摩登感。

布艺装饰硬包

客厅装饰亮点

①水晶灯的造型新颖别致，装饰效果华丽高贵。

②皮质休闲椅极富质感，增添了客厅的休闲氛围。

③大块地毯的运用，让居室内的色彩更有层次，提升了客厅的舒适度。

有色乳胶漆

客厅装饰亮点

①箱式家具的运用，既提升了空间的颜值，又有着一定的收纳储物功能，深色调也彰显了美式风格家具的沉稳大气之美。

②浅色布艺沙发，经过做旧处理，更具复古情怀。

客厅装饰亮点

①黄色的点缀，让以浅色为主色的客厅拥有了明快、活跃的视感。

②装饰画的运用打破白墙的单一感。

③六角吊灯的设计十分别致，磨砂玻璃灯罩让灯光更加柔和舒适。

艺术地毯

有色乳胶漆

米白色网纹玻化砖

陶瓷马赛克

客厅装饰亮点

①以蓝色作为客厅的主题色，令空间洋溢着清新、浪漫的氛围。

②大叶绿植的点缀，让空间色彩更加和谐，自然韵味浓郁。

灰白花大理石

客厅装饰亮点

①吊灯的设计充满科技感，纯铜灯架搭配球形灯罩，提升空间的装饰颜值。

②装饰画的运用提升了客厅的艺术氛围。

③大量布艺抱枕的运用，提升了客厅的舒适度与美观度。

白色乳胶漆

艺术地毯

陶质木纹砖

客厅软装课堂

美式风格饰品

1. 传统美式风格居室内的配饰摆件多选用仿古做旧的艺术品，如一本手工制作的古旧书籍、一支充满古典韵味的羽毛笔、做旧的铜质烛台等，这些都可以作为传统美式风格空间中的装饰品。

2. 花艺盆栽、水果、瓷器制品、铁艺制品等都可以作为现代美式风格空间中的装饰品。这些饰品的随意搭配能营造出现代美式风格精致细腻而又自由浪漫的空间格调。

客厅装饰亮点

①环形烛台式吊灯提升了整个空间的装饰颜值，也带来浓郁的复古情调。

②抱枕及装饰画的图案使空间更加生动有趣。

③深色实木家具的柱腿式设计，也同样彰显了美式客厅的复古情怀。

仿古砖

有色乳胶漆

密度板混油

客厅装饰亮点

①绿色墙面为居室带来清新自然的气息。

②橙色与金属色的搭配，为客厅注入一份后现代的摩登感。

③灯饰的造型简单大方，磨砂灯罩让光线更加柔和。

硅藻泥壁纸

客厅装饰亮点

①以米色调的硅藻泥壁纸装饰客厅墙面，搭配白色护墙板与装饰线，简洁舒适且不乏层次感。

②色调纯正的实木家具，质感极佳，彰显出传统美式风格居室的沉稳、厚重、大气之美。

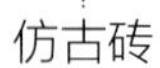

客厅装饰亮点

①沙发墙的拱门造型与电视墙形成呼应，丰富空间层次，也是美式风格居室中常用的装饰造型。

②浅绿色与白色作为空间的主色，表现出一种清爽、自由、浪漫的空间氛围。

客厅装饰亮点

①抽象装饰画、造型别致的墙饰、环形吊灯，都为空间注入了时尚感与现代气息。

②皮质沙发、休闲椅的质感十分抢眼，将现代美式的轻奢美进行到底。

有色乳胶漆

客厅装饰亮点

①简洁利落的实木线条，让素色墙面看起来富有层次感。

②茶几、坐墩、休闲椅的运用，让客厅的整体配色重心更加稳定，深浅颜色的明快对比，也增添了空间的时尚感。

黄橡木金刚板

客厅装饰亮点

①双色实木家具造型优美，宽大的箱式设计兼备了功能性与装饰性。

②电视墙对称的拱门造型，营造出浓郁的美式格调。

③布艺元素选择了清爽淡雅的绿色，柔化了空间氛围，更显清新浪漫。

客厅装饰亮点

①花鸟为装饰主题的客厅，尽显乡村美式风格清新雅致、追求自然的美好情怀。

②皮质沙发、实木家具，表现出美式家具沉稳大气之美。

客厅装饰亮点

①金属元素的大量运用，为现代美式风格客厅增添了后现代的摩登感。

②以浅色为主题色，让居室氛围更显温馨，也弱化了金属元素的喧闹感。

③地面运用大块地毯进行装饰，中和了地砖的冰冷触感，提升了客厅的舒适度。

红橡木金刚板

条纹壁纸

彩色釉面砖

客厅装饰亮点

①电视墙采用少量的彩色釉面砖作为装饰，丰富的色彩，为客厅带来复古情调。

②深胡桃木色的家具，造型古朴，结实耐用。

密度板拓缝

客厅装饰亮点

①格栅吊顶十分有层次感，表面采用白色乳胶漆进行粉刷，避免产生压抑感。

②墙面密度板的拓缝造型，简约而不单调。

③地毯的花色清爽淡雅，成为客厅装饰的点睛之笔。